$L_J K^7_{903}$

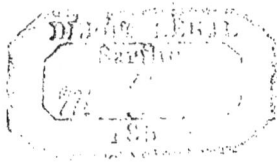

RECHERCHES

SUR

L'ANCIEN SUFFRAGE UNIVERSEL

POLITIQUE ET MUNICIPAL

A BELLÊME,

UNE DES CAPITALES DU VIEUX PERCHE,

Par le Docteur Jousset,

MÉDECIN DE L'HOPITAL DE BELLÊME, ETC.

———◦◦◦◦———

MAMERS,

IMPRIMERIE DE JULES FLEURY.

—

M DCCC LIV.

Il n'est rien de nouveau sous le soleil, disait, voilà deux mille ans, un des rois prophètes; et de nos jours cette sentence n'a point perdu de sa vérité, s'appliquant à la philosophie et à la politique. Ce qui a été produit depuis un siècle et notamment dans les temps récents n'est qu'une copie de ce qui a été énoncé, débattu, parfois exécuté, et avec quel succès! dans les âges anciens. Les théories les plus audacieuses, les plus excentriques, pour se servir d'une expression restrictive, ont eu leur exhibition à beaucoup d'époques; et il n'en est aucune qui n'ait eu son enfantement dans le cerveau principalement des philosophes et des rhéteurs grecs. Il suffirait à ceux qui douteraient de cette assertion de parcourir pour s'éclairer les pages du sage Barthelemy prenant son jeune Scythe Anacharsis par la main afin de lui faire visiter les monuments grecs et ingénieusement assister aux conférences des écoles diverses de la Grèce antique. Le communisme notamment, qui est la règle habituelle des communautés religieuses, et n'est guère exécutable, les épreuves faites, que sous la loi chrétienne, fut pratiqué dans toute son extension en Italie dans l'école de Pythagore, du vivant seulement de ce chef de secte intelligent; car ses élèves dévièrent immédiatement des doctrines et de la conduite du maître. Entrer dans l'appréciation des systêmes anciens et modernes, vouloir les comparer et mettre en évidence leur identité serait un projet facile, mais il dépasse les limites de notre attention qui s'est fixée sur la simple histoire bien plus restreinte de la ville de nos jeunes années; et ces recherches purement historiques nous ayant amené à un résultat qui nous a surpris, nous les exposons comme un monument qui nous a semblé digne de quelque intérêt, si nous ne nous abusons pas en un sujet où il est facile d'errer quand on a à s'occuper de ses propres études favorites. Pour aujourd'hui même nous nous circonscrivons dans l'exposition d'un fait unique, l'exercice du suffrage universel aux temps anciens dans notre ville de Bellême qui fut, non la capitale, comme on le croit généralement ici, mais une des trois capitales du vieux Perche, Mortagne et Nogent-le-Rotrou réclamant avec raison ce privilège.

RECHERCHES

SUR

L'ANCIEN SUFFRAGE UNIVERSEL

POLITIQUE ET MUNICIPAL

A BELLÊME,

L'UNE DES CAPITALES DU VIEUX PERCHE.

La majorité des hommes de notre époque qui voient fonctionner le suffrage universel le considèrent comme une conquête de notre dernière révolution, celle de 1848. Le peu de nos aïeux qui subsistent encore, car les générations se succèdent rapidement, se rappelle l'avoir vu en exercice lors de la première république; et, chose remarquable pour une époque d'émancipation extrême, fonctionner avec plus de restriction que maintenant. Le suffrage populaire dura peu de temps quoiqu'on en fit un des principes fondamentaux de gouvernement. Les régimes qui se suivirent jusqu'à l'avénement de l'empire parurent empressés de se débarrasser d'un rouage qui gênait leurs mouvements. Pour voir opérer le suffrage universel dans son extension, il faut remonter (cette simple énonciation paraîtra un paradoxe) aux temps antérieurs et monarchiques, aux époques calmes, régulières, normales, en dehors des agitations politiques. En y réfléchissant quelque peu cependant, en se rappelant simplement les pages courtes de l'histoire de France des plus jeunes années de notre éducation primaire, quelques prévisions pourraient déjà apparaître à l'esprit. N'avons-nous pas lu dès les premières pages de la vie du chef Pharamond l'élection de ce premier roi issu du suffrage universel? quelle différence existe donc entre ce qui se pratiquait voilà quinze siècles et se fait aujourd'hui? Le premier roi de France fut choisi, acclamé par le peuple réuni, hissé sur un bouclier, promené autour du camp. Le souverain actuel élu par le peuple est proclamé dans un palais splendide édifié par la sagesse de ses prédécesseurs, l'habileté d'architectes gens de génie, soldé par la nation dont la bourse est toujours ouverte et indéfiniment féconde; ovation moins économique, simple différence entre les deux élections d'une époque primitive sans civilisation et d'une autre où le perfectionnement social atteint un immense développement.

Le régime de l'égalité dont on nous fait tant de bruit depuis quelques années n'est aussi que la résurrection d'une très vieille habitude. Sans entrer dans les détails d'une science profonde, évoquons simplement encore un souvenir d'école, l'histoire de Clovis. Dans une revue de ses troupes, juge et bourreau à la fois, ce roi tue de sa hache un soldat en faute contre la discipline militaire en lui disant : rappelle-toi le vase de Soissons. Qu'exprimaient ces mots mystérieux?

simplement ceci : dans un partage de dépouilles, le roi Clovis s'attribuait un vase d'or pour en faire un présent à l'évêque de Rheims, Remy. Un soldat réclama contre la volonté de son roi l'*égalité commune,* la loi du sort; et Clovis fut obligé de se soumettre; la rancune du barbare fit payer cher au soldat sa velléité d'exécution du principe d'égalité alors en usage.

Quant à cette autre condition gouvernementale, le suffrage universel dont l'origine se perd dans la nuit des fables historiques, elle existait dans toute son extension chez les tribus germaniques qui se déversèrent sur la Gaule, de même qu'elle a été et sera la source de tout pouvoir chez les peuples primitifs. Pour la première fois nous la constatons dans notre France, distinctement en l'année 420. Le suffrage de tous continue à être l'élément de la nomination royale sous Clovis, sur lequel nous sommes déjà riches en enseignements et sous ses successeurs. Aussi dans ces temps, le suffrage universel était pratiqué non seulement pour l'élection royale mais encore pour régler et sanctionner les principaux actes gouvernementaux. Après la conquête, la nation se partagea en vainqueurs et vaincus. Les premiers conservèrent la haute main dans le gouvernement jusqu'à ce que l'extension du territoire conquis en rendit l'accomplissement matériel impossible. Mais quand arriva cette impossibilité, le peuple jaloux de son autorité se la maintint en se faisant représenter par ses chefs.

Aussi pendant plusieurs siècles, pendant l'existence des deux races Mérovingienne et Charlovingienne qui durèrent plus de cinq cents ans, voyons-nous les représentants du peuple réunis à des époques tantôt fixes pour le réglement des affaires publiques, tantôt irrégulières pour l'élection du souverain et le partage des états entre les descendants des rois, avoir leur puissante part dans les affaires les plus importantes de l'état qui ne se décidaient jamais sans leur participation. Nous lisons dans Ozanaux : « Une « assemblée générale de tous les hommes *libres* se « réunissait au champ de mars pour l'élection. Clovis « laissait quatre fils, année 511; *l'assemblée nationale* « partagea entre eux le territoire conquis. »

Comme on peut en juger, on était loin de l'institution du droit divin qui fut imaginé plus tard pour le besoin de la cause royale. Si des troubles considérables chez nos ancêtres que n'avaient point adoucis les bienfaits de la civilisation, troubles que fomentaient et perpétuaient les successions des rois, les partages successifs de territoire; si des brutalités personnelles suspendaient momentanément le droit de suffrage, ce droit se reproduisait de bonne heure parce qu'il était l'habitude, le goût du temps, l'intérêt de tous. On peut suivre année par année l'exercice de ce droit; on le trouve inévitablement dans toutes les occasions décisives. Le peuple donnait son temps, ses armes, son sang; c'était bien le moins qu'il fut consulté quand étaient résolues les graves questions de la guerre, de la paix. Les rois dans leur plus grands écarts d'autorité respectèrent généralement ce droit et obéirent aux décisions des assemblées nationales. Malgré l'autorité considérable dont Pepin se trouvait investi, il communiquait les affaires importantes aux assemblées de la nation où se faisaient les lois, selon l'ancienne coutume des Francs. Charlemagne, deux fois l'an, tenait à Aix-la-Chapelle, ou ailleurs, l'assemblée générale de la nation. Des membres du tiers état y entraient avec les seigneurs et les évêques. Là en bon prince il laissait délibérer sur les affaires, il prenait les avis, il conciliait les intérêts différents, il réglait les affaires de l'église et du royaume par des lois approuvées de tous les ordres. Plusieurs des capitulaires ou ordonnances qu'il fit à Aix portent : *cum omnium consensu*, du consentement de tous. Sous la première et sous la seconde race, les lois n'étaient publiées que du consentement de la nation. Dans les capitulaires de Charles-le-Chauve on lit : *Lex populi consensu fit et constitutione regis.*

En 817, Louis 1er avait convoqué une *assemblée générale* pour s'accuser de la mort de Bernard, de la disgrâce de quelques particuliers, et de la retraite forcée de trois fils naturels de Charlemagne qu'il avait relegués dans un cloître.

Hugues-Capet lui-même, ce chef de la troisième race, fit légitimer son usurpation sur les prétendants de la race précédente par les assemblées telles qu'elles subsistaient encore à cette époque; et lorsque ses premiers successeurs eurent l'idée pour étayer un pouvoir encore mal assis de s'associer, de leur vivant, leurs fils aînés; et de leur faire connaître de bonne heure les charges et les devoirs de la couronne, ils s'adressèrent aux *assemblées* réduites, les seules qui se fussent maintenues dans ces temps d'abolition de tout droit, de toute liberté pour le peuple.

Si, dans l'abrutissement qui lui fut fait pendant plusieurs siècles par le régime seigneurial, le peuple en général perdit le souvenir de ses droits, la tradition s'en perpétua chez le peuple des villes qui par son agglomération protectrice ne fut jamais reduit au même dégré d'abaissement que celui des campagnes; et cette tradition se retrouva surtout à l'heure de la rénovation et de l'indépendance.

Le pouvoir royal fut pendant les cinq premiers siècles de la monarchie plus ou moins soumis à la sanction du peuple; il n'en fut pas différemment de ce qu'on est convenu d'appeler aujourd'hui une constitution. Chaque temps eut sa charte, son réglement, sa convention. L'époque actuelle n'a rien innové sur ce point. Sous Clotaire II, l'assemblée composée de seigneurs, et aussi d'évêques (car on avait senti tôt l'utilité de cette annexion, le clergé ayant seul le dépôt des connaissances et son admission dans ces assemblées composées primitivement de chefs militaires apportant plus de calme dans les délibérations et de sagesse dans les lois), sous le deuxième Clotaire donc, l'assemblée imagina une constitution PERPÉTUELLE. Toujours, comme on voit, on s'est fait illusion sur la perpétuité des constitutions, ces feuilles légères qu'emporte le moindre souffle politique. Entre autres dispositions cet acte célèbre abolissait tous les impôts établis par les fils de Clotaire 1er, restituait aux églises et aux seigneurs les biens dont ils avaient été dépouillés, *assurait l'élection des évêques au peuple* (1) (il n'en était pas autrement dans la primitive église), attribuait aux évêques le droit de juger les membres du clergé, ainsi que la connaissance d'une foule de crimes publics et privés qui étaient jugés précédemment par les officiers royaux, et défendait aux juges de *condamner un accusé quelqu'il fut sans l'entendre.*

Il arriva souvent que le pouvoir royal ne trouva pas plus de docilité, de soumission dans les assemblées nationales que le pouvoir de nos jours n'en a trouvé dans ses parlements; la première race Mérovingienne était loin de jouir du pouvoir absolu. Le roi ne pouvait décider de la paix, de la guerre, régler les conditions d'un traité, faire hériter ses enfants sans le consentement de la nation. Sous les rapides succes-

(1) Le suffrage universel ne s'appliquait pas seulement aux affaires politiques. Sous Childebert, un cinquième concile d'Orléans dit : que celui qui aura été *élu* par le clergé et par le *peuple* soit ordonné avec l'agrément du roi.

seurs de Charles-le-Chauve, les rois furent obligés de
compter avec les assemblées générales. Ce ne fut pas
sans difficultés que Louis-le-Bègue obtint de succéder à son père. Les grands se prétendirent en droit de
donner la couronne. Dans ses aveugles largesses,
Louis répandant les grâces et les dignités, distribuant
des fiefs, comme avait fait son père, des abbayes
et jusqu'à des domaines, les seigneurs s'offensèrent de
ce qu'il donnait de son propre mouvement et seul ce
qu'il ne pouvait donner que par *leur consentement* et
dans les assemblées générales. En 771, les enfants de
Carloman sont exclus de tout partage à la succession
de leur père. Plus tard la lâcheté de Charles-le-Gros
le fait regarder comme indigne du trône; les grands
assemblés le déposent.

En plus de ses droits politiques, la nation conserva
ses droits municipaux; l'administration locale resta,
comme sous l'empire romain, confiée à ses ducs, à ses
comtes; les grandes cités maintinrent le régime de la
Gaule romaine. Les seigneurs et les hommes libres
étaient seuls considérés comme faisant ce qu'on appe-
lait la nation. Le reste était compris dans les serfs qui
appartenaient à la terre par droit de conquête, les
colons tributaires ou fermiers qui cultivaient la terre
moyennant une redevance.

On comprend facilement que dans les temps de
troubles sans fin d'une société barbare où la force
l'emportait souvent sur le droit, il y ait eu de graves

inégalités dans l'application de la souveraineté populaire. Charles-Martel abolit les réunions pendant les vingt-deux ans de sa domination. Charlemagne les rétablit et restitua ainsi à la nation un de ses droits naturels et imprescriptibles. L'exercice de ce droit n'eut pas autant son application sous les derniers successeurs de ce grand monarque. C'est qu'en effet la nation se trouva dans une phase nouvelle; chaque roi en mourant laissait à ses enfants un royaume de plus en plus divisé par une succession de partages. L'Ile-de-France et l'Orléanais constituèrent le territoire de la nouvelle royauté réduite; et encore pour se soutenir dans ce pouvoir incertain, chaque roi était-il obligé afin de se créer et de se conserver des partisans de les accabler de dotations, de fiefs héréditaires dont les acceptants devenaient bientôt les sujets insubordonnés, les adversaires du souverain. La féodalité se constitua alors pouvoir supérieur à la royauté. Celle-ci n'étant plus que nominale fut moins empressée de réunir des assemblées qui n'avaient presque plus d'objet; trop de provinces échappaient tout à fait à la royauté. Ainsi s'obscurcit momentanément la souveraineté populaire. A sa place se substitua le régime féodal, règne d'une sorte de bandits décorés du nom de seigneurs dont le passe-temps ordinaire était le pillage, la débauche, le massacre des voisins quand ces excès ne s'adressaient pas aux vassaux du domaine lui-même.

« Le crime était la règle, les passions étouffaient
« la nature, la religion dégénérait en superstition in-
« sensée; les lumières de l'église gallicane disparais-
« sent, les abus succèdent au devoir, et il se forme
« un déluge de maux propres à innonder la socié-
« té. » Abbé MILLOT.

Aussi après bien des siècles, le souvenir mal éteint
dans les esprits et dans les cœurs laisse-t-il chez les
hommes du peuple ulcérés de si longues souffrances
tant de défiance et de rancune.

La classe des laboureurs, des vilains, comme on
disait alors, n'ayant ni droits, ni traditions antérieu-
res ne marquait à aucun événement l'origine de sa
condition et de ses misères. Elle l'aurait tenté vaine-
ment. Le servage de la glèbe de quelque nom qu'on
l'appelât était antérieur sur le sol gaulois à la conquête des barbares. Cette conquête avait pu l'aggra-
ver, mais il s'enfonçait dans la nuit des siècles et avait
sa racine à une époque insaisissable. Mais il se con-
servait dans les grandes villes parmi la bourgeoisie
une tradition nette sans altération de son ancien pouvoir. Elle se souvenait qu'il y avait eu pour la cité
droit de justice et d'administration. Cette conviction
de l'ancienneté immémoriale d'un droit urbain, de
liberté civile, de liberté politique fut le plus grand
des appuis moraux que trouva la bourgeoisie dans sa
lutte contre l'envahissement féodal et contre l'orgueil
de la noblesse. Partout où elle exista, elle fit naître

un vif sentiment de patriotisme local, sentiment énergique, mais trop borné qui s'enfermait volontiers dans
l'enceinte d'un mur de ville, sans souci du pays et
regardant les autres villes comme des états à part,
amis ou ennemis au gré de la circonstance et de l'intérêt. (Thierry, p. 23.) Cependant un même état d'oppression pesant sur le peuple, un même instinct général de résistance établit une communauté d'efforts
qui amena le succès après bien des luttes et des années de sacrifices.

Malgré la décadence et la sorte d'abjection où était
tombée la royauté réduite à une parcelle de la France
et à une autorité plus nominale que réelle, le roi
dont le pouvoir n'était rien moins qu'absolu réunissait
les grands du royaume dans les graves occasions. Les
premiers capétiens ayant pris l'habitude de s'adjoin-
dre de bonne heure au trône leurs fils aînés pour con-
solider leur succession et former leur éducation politique, cette accession au pouvoir se faisait devant et
avec l'approbation des seigneurs. Ainsi, dans la longue histoire de l'abbé Velly, vol II, p. 316. Henri
fut sacré et couronné à Rheims dans une assemblée
générale des seigneurs du royaume.

« La couronne toujours héréditaire à l'égard de la
« maison régnante était *élective* par rapport aux dif-
« férents princes de cette maison. Telle est la coutu-
« me de la nation française que les grands sans au-
« cune dépendance choisissent un prince de la race

« royale pour succéder au roi quand il est mort.....
« Et tous les grands l'élisent pour règner sur eux par
« le droit héréditaire qu'il avait à la couronne. Para-
« doxe en apparence mais qui se trouve éclairé par
« le double droit que nos princes tiraient également
« de leur naissance et du choix de la nation..... L'é-
« lection avait toujours lieu; mais comme dans les
« deux premières races seulement entre les enfants
« des rois..... Le choix du roi soutenu du concours
« des grands mit enfin son fils sur le trône de Fran-
« ce..... La nation s'était réservée le pouvoir de choi-
« sir parmi les enfants du dernier roi celui qui lui
« paraissait le plus propre à gouverner. »

Ces citations pourraient être multipliées à l'infini.

La nécessité de fixer la couronne dans leur maison
pour éviter les dissentions trop ordinaires dans les
élections fit que les six premiers rois de la troisième
race crurent devoir de leur vivant faire sacrer leurs fils
aînés et se les associer. Ces associations établirent peu
à peu l'hérédité linéale et agnatique, ce qui ruina in-
sensiblement le pouvoir électif. Le sceptre parut enfin
si affermi dans la famille de Hugues-Capet que Phi-
lippe-Auguste ne crut pas même nécessaire de faire
couronner son fils. La succession dans les aînés de
chaque ligne devint une loi fondamentale de l'état et
s'observe depuis beaucoup de siècles sans que les
cadets aient fait éclater la moindre prétention au
trône.

Le roi, dit Mezerai, (Année 1059, Henri Ier.) ayant remontré à l'assemblée les services qu'il avait rendus à l'état les pria tous en général, et chacun en particulier, de reconnaître Philippe son fils pour son successeur et de lui prêter serment. Tous d'une voix unanime consentirent au couronnement du jeune prince, qui fut sacré le jour de la Pentecôte, par Gervais de Bellesme, archevêque de Rheims; et au sacre Philippe jurait : Je promets aussi au peuple dont le gouvernement me sera confié de maintenir par mon autorité l'observation des lois.

La race Capétienne en inaugurant un régime nouveau, celui de la succession au trône réservée exclusivement à l'aîné, conserva cependant à l'avénement du nouveau souverain quelques-unes des cérémonies jusqu'alors en usage et qui témoignaient de certaines habitudes nationales. L'assemblée de moins en moins consultée pour ses affaires publiques était convoquée à l'avénement de chaque souverain. Le prélat consécrateur se tournait vers l'assistance de l'église et se servait de cette formule : Le voulez-vous pour roi? *Vultis hunc regem?* L'assemblée, grands et peuple, répondait par acclamation : Nous le voulons, il nous plaît, qu'il soit notre roi! *Laudamus, volumus, fiat!* Cette formule qui s'est perpétuée jusqu'à nos jours, si elle ne marque pas une élection formelle, exprime du moins un consentement d'où paraissent découler le droit du prince et sa puissance sur les sujets qui se

soumettent volontairement à son autorité. Ainsi ne se
perdait pas cette maxime que la royauté était *élective*
primitivement et du droit de consentement des pairs
et des grands du royaume à chaque succession: et si
les formules disparurent quelque fois, l'esprit en de-
meura empreint dans les idées et dans les mœurs des
gentilshommes. Tout en professant pour le roi un
dévouement sans borne, ils se plaisaient à rappeler
le vieux droit d'élection et la souveraineté nationale.
Dans un discours aux états généraux on trouve les
expressions suivantes : Comme l'histoire le raconte et
comme je l'ai appris de mes pères, le peuple au com-
mencement *créa* des rois par son *suffrage* : (discours
de Philippe Pot, seigneur de la Roche, grand séné-
chal de Bourges, journal des états généraux par
Masselin, p. 146).

Aux mêmes souvenirs transmis de la même maniè-
re, se rattachait encore le principe fondamental de
l'obligation pour le roi de ne rien décider d'important
sans le concours d'une assemblée délibérative; et cet
autre principe que l'homme franc n'est justiciable que
de ses pairs et ne peut être taxé que de son propre
consentement, par octroi libre, non par contrainte. Il
y avait là un fond d'esprit de liberté politique bien
curieux à observer.

Le clergé, dont quelques membres avaient conservé le dépôt des sciences, avait sauvé sous des formes
religieuses la doctrine de l'égalité civile dérivant de la

fraternité chrétienne et la protection de tous par le roi
et la loi. Il la maintenait contre l'idée de la souveraineté domaniale et de la seigneurie indépendante.
D'ailleurs, tout souvenir d'un temps où la monarchie
avait été une pour tout le pays, où les ducs et les
comtes n'étaient que les officiers du prince, n'avait
pas entièrement péri pour les hommes quelques peu
lettrés, laïques ou clercs.

Les légistes, dès qu'ils purent former un corps tra-
vaillèrent avec une hardiesse d'esprit et un concert
admirables à replacer la monarchie sur son ancienne
base sociale, à saper l'usurpation des seigneurs et dé-
truire les justices féodales au profit du roi et du peuple
(Thierry) passim.

Aussi cette grande injustice des siècles écoulés, la
servitude, œuvre des invasions d'une race sur l'autre
et des usurpations graduelles de l'homme sur l'homme était ressentie par ceux qui la subissaient avec une
profonde amertume. Déjà s'élevait contre l'oppression
du régime féodal le cri de haine qui s'est prolongé
grandissant toujours jusqu'à la destruction des derniers restes de ce régime. La philosophie moderne n'a
rien trouvé de plus ferme et de plus net sur les droits
de l'homme, sur la liberté naturelle et la libre jouis-
sance des biens communs que ce que chantaient aux
passants les trouvères du douzième siècle, fidèles
échos de la société contemporaine.

« Les seigneurs ne nous font que du mal; nous ne

« pouvons avoir d'eux raison, ni justice; ils ont tout,
« prennent tout, et nous font vivre en pauvreté et
« douleur. Chaque jour est pour nous jour de peine;
« nous n'avons pas une heure de paix tant il y a de
« services et de redevances, de tailles et de corvées,
« de prévôts et de baillis. » (Wace, roman de Rou,
édition de Pluquet, t. ii, p. 303).

« Pourquoi nous laisser traiter ainsi? Mettons-nous
« hors de leur pouvoir; nous sommes des hommes
« comme eux, nous avons les mêmes membres, la
« même taille, la même force pour souffrir et nous
« sommes cent contre eux..... Défendons-nous contre
« les chevaliers, tenons-nous et nul homme n'au-
« ra seigneurie sur nous, et nous pourrons couper les
« arbres, prendre le gibier dans les forêts et le pois-
« son dans les rivières et nous ferons notre volonté
« aux bois, dans les prés et sur l'eau. » (Benoît de
St-Maurice, édition de Francisque Michel, t. ii,
p. 390).

Au comble de ses maux, à bout de patience, le
peuple secoua enfin le joug de la servitude et l'heure
de la délivrance sonna pour adoucir des misères in-
finies (1). La nation recouvrant sa liberté quel usage

(1) L'affranchissement dans le Perche ne reçut sa consécration
légale qu'en 1299. Charles Ier, duc d'Alençon, en donna la charte
en faveur des serfs et main mortables; ce qui fut approuvé par
le roi.

Pendant l'occupation anglaise, la misère publique fut telle
que toute administration communale disparut. Louis XI pen-

en devait-elle faire? Se gouverner par ses anciens
errements? Ils lui avaient coûté si cher! Le peuple
avait été si profondément malheureux! Le contraire,
l'opposé du gouvernement qui lui avait été si lourd ;
voilà celui qu'il devait choisir. Au pouvoir d'un seul
il substituait le vœu de tous, le concert commun, le
pouvoir de la *commune*, le régime républicain. Et en
effet sous le nom de *commune* chaque ville s'organisa
en république indépendante. Les municipes romains
dont avaient usé les anciens gaulois sous la domination romaine furent rétablis : suffrage universel, réu-
nion des citoyens dans l'auditoire, pouvoir confié à
plusieurs pour un temps court; le nom même reparut,
et le mot consul conservé encore de nos jours pour
certains hommes d'affaires et les juges du commerce
rappelle ce qui se passait alors. Le peuple était disposé
du reste à faire bon marché de ses droits politiques (1)

dant le séjour qu'il fit à Alençon, rétablit les maires par lettres
patentes du mois d'août 1473.

(1) Le Perche ne renonça pas entièrement à ses droits politiques. Les états du comté du Perche réunis aux états du duché
d'Alençon députèrent aux états généraux convoqués à Tours en
1463, Etienne Goupillon qui se prétendait le légitime évêque de
Séez, Olivier, Lebeauvoisin, bailli d'Alençon, Guy Vibert, Jean
de Sahun, Jean de Riou. Ils tenaient le onzième rang. Dans ce
même ordre, les délégués de notre pays sont appelés aux états
de Blois en 1576. Les députés du perche sont : de Calembert, ar-
chidiacre du Bellesmois, représentant le clergé, d'Amilly la noblesse. Joseph Brizard et Étienne Gaillard le tiers-état. Le Perche fut représenté particulièrement en 1497, 1546, 1588, 1614,
1643, 1651.

qui le touchaient peu ; la distance entre la royauté et lui était si grande qu'il recevait à peine le contre coup de celle-ci. Il ne pouvait en être de même des autres droits qui le touchaient directement. Avec raison le peuple était jaloux de la gestion de ses propres intérêts ; et de ceux-ci il était bien décidé à n'en plus rien sacrifier, ni céder. Ces avantages municipaux ont été conservés jusqu'à la fin du siècle dernier malgré l'accaparement d'un pouvoir de plus en plus absolu par une royauté envahissante qui rapportant tout à elle ne laissa à la nation que le moins qu'elle put de liberté. Avec le temps les détails de l'usage municipal furent réglés par des ordonnances et l'exercice en était dirigé par les officiers royaux. En entrant davantage dans ce détail de libertés municipales voici ce que nous trouvons, et comment dans la ville de Bellême le peuple mettait lui-même la main à ses affaires et dirigeait ses intérêts.

En compulsant de vieux comptes nous remarquons ces lignes d'un réglement :

« Les comptes étaient apurés par le bailli du Per-
« che, l'administrateur de l'hôpital, le lieutenant
« criminel, en présence des gens du roi et *autres y*
« *nommés délégués par les habitants dudit lieu*, *année*
« 1566. »

Nous trouvons les délégués ; suivons :

« A ces trois personnes, (administrateurs) furent
« adjoints les curés des deux églises St-Sauveur et

« St-Pierre alternativement, année par année ; avec
« voix délibérative à toutes les réunions. Ces réunions
« tenaient tous les quinze jours pour traiter des
« affaires courantes. Les affaires de quelqu'importan-
« ce étaient soumises à la *délibération des assemblées*
« *générales des habitants* qui se tenaient deux fois par
« année, les premiers dimanches des mois de janvier
« et de juillet, et plus souvent s'il y avait lieu. »

Les fonctions d'administrateurs ci-dessus indiquées
quoique gratuites et assujetissantes étaient estimées
un grand honneur par ceux qui les occupaient ; leur
nomination était le produit du *suffrage universel* des
citoyens convoqués à cette intention. En plus des
réunions bimensuelles où se traitaient les affaires
courantes, les affaires de plus d'importance étaient
soumises aux délibérations d'assemblées plus générales composées de fonctionnaires les plus élevés dans
les hiérarchies civile, militaire, judiciaire, ecclésiastique auprès desquelles l'assemblée générale des citoyens, quand elle ne jugeait pas elle-même ses affaires
de famille, déléguait quelques notables tirés de son
sein et les adjoignait aux administrateurs nés ou élus.

Les assemblées populaires se faisaient avec un
grand apparat. Elles tenaient après les vêpres des pa-
roisses St-Sauveur et St-Pierre. Elles avaient été indiquées au prône de la messe ; des affiches avaient été
placardées aux endroits d'usage ; des annonces avaient
été faites au son du tambour dans les places publi-

ques; les cloches annonçaient la convocation; enfin
les citoyens se réunissaient dans leur auditoire, les
officiers royaux présidant et dirigeant ces assemblées.
Voici un exemple du préambule des délibérations qui
étaient alors prises :

« Au bureau de l'Hôtel-Dieu de cette ville de
« Bellesme, en conséquence des publications faites aux
« messes paroissiales de St-Sauveur et de St-Pierre
« de cette ville, devant nous François Girard con-
« seiller du roi, vicomte du Perche à Bellesme et
« conseiller honoraire au siége du baillage de ladite
« ville, en présence de maître Pierre Poulard prêtre,
« curé de St-Pierre de ladite ville, maître Louis-
« Jacques Revel prêtre, curé de St-Sauveur dudit
« Bellesme, doyen du Bellesmois, maître Jean Pou-
« lard, conseiller du roi, et son procureur aux siéges
« royaux de ladite ville; maître François Nicolas
« sieur des Ouches, conseiller du roi et son procu-
« reur au grenier à sel de ladite ville; maître Jean
« Poupine, conseiller du roi et son contrôleur au gre-
« nier à sel de ladite ville; administrateurs nés et en
« charge dudit Hôtel-Dieu, *sont comparus les habi-*
« *tants* de ladite ville représentés par maître Jean
« Guérin, sieur de la Farinière, receveur dudit
« Hôtel-Dieu; maître Joseph Richer prêtre, vicaire
« dudit St-Pierre; maître Pierre-Michel Beaufils
« prêtre habitué audit St-Sauveur; maître Louis de
« Fontenay chevalier seigneur de Serigny, Contres et

« autres lieux; maître René-Charles Delavye, con-
« seiller du roi, maître particulier des eaux et forêts
« de cette ville; maître Jean-André Leprince con-
« seiller du roi, lieutenant de robe longue de ladite
« maîtrise; maître Jean Chevessaille greffier du bail-
« lage; Isaïe Guérin directeur de la poste de cette
« ville; et Jean Laloi marchand, tous habitants de
« ladite ville, *faisant la meilleure et plus saine partie*
« *d'iceux;* auxquels lesdits sieurs administrateurs ont
« raconté qu'il y a procès pendant au baillage entre
« l'Hôtel-Dieu et maître Georges Joubert prêtre curé
« de Serigny au sujet du droit de dixme appartenant
« audit Hôtel-Dieu qui se perçoit dans ladite paroisse
« de Serigny, communément appelée la dixme du
« Boisfeu Edin, (fésédin, terme vulgaire actuel), sur
« lequel est intervenu appointement à mettre et pro-
« duire leurs pièces, etc. »

Cette pièce fait naître plus d'une réflexion D'a-
bord on est frappé du nombre de fonctionnaires publics
alors existant dans une très petite localité où ne s'a-
gitaient que des intérêts de médiocre importance.
Puis, des ministres plénipotentiaires traitant des intérêts de puissants états n'étaleraient pas plus fastueuse-
ment leurs titres; enfin, les délégués du peuple, à
l'imitation de ses chefs, s'ennoblissent aussi, et ima-
ginent une domination prétentieuse :

« Tous habitants de ladite ville, faisant la meil-
« leure et plus saine partie d'icelle. »

Triste vanité des mots; faiblesse éternelle du cœur humain. Le peuple avait pourtant payé cher la connaissance de ce que valait un titre.

Voici le préambule d'une autre délibération curieuse en ce sens qu'elle indique le personnel des fonctionnaires publics du pays dont une partie d'histoire est ici reproduite :

« Claude Gircy, sieur du Homme, conseiller du
« roi, lieutenant général civil et criminel, commis-
« saire examinateur et enquesteur, au baillage du
« Perche à Bellesme;

« François-Thomas Girard conseiller du roi, lieu-
« tenant général de police de cette ville ;

« Maître Jean Poulard aussi conseiller du roi et
« son procureur aux sièges royaux de Bellême;

« Maître Pierre Larchevêque prestre curé de la
« paroisse de St-Sauveur;

« Maître Joseph-Pierre-Philbert Petigars de la
« Garenne, conseiller du roi, président de l'élection
« du Perche et maire de ladite ville;

« Maître François-Antoine Berthereau conseiller
« du roi et son procureur aux eaux et forêts de cette
« ville, premier échevin;

« Maître Pierre-Jean Defontenay, chevalier de
« l'ordre civil et militaire de St-Louis, capitaine au
« régiment des grénadiers de France;

« François Gueux, sieur de Champron aussi con-
« seiller du roi, élu en l'élection du Perche:

« Pierre Gosnet notaire et tabellion au comté de
« Clinchamps, receveur de l'Hôtel-Dieu ;

« Georges Joubert, prestre, curé de Serigny,
« prieur de Lauglade, etc. »

On retrouve des traces nombreuses du suffrage
universel appliqué aux intérêts municipaux même
sous le gouvernement du roi le plus absolu et le plus
despote de notre France, Louis XIV; et en preuve
nous en transcrivons quelques-unes :

« Lesdits administrateurs et receveurs ont dit que
« la prétention et demande du sieur Joubert, prestre,
« curé de la paroisse de Serigny et des *habitants au*
« *sujet des réparations et des réfections tant du presby-*
« *tère* , etc. »

Et ailleurs :

« Et quant aux réparations qui ont été jugées né-
« cessaires pour le chœur de ladite paroisse, *les habi-*
« *tants ont estimé.* »

Ailleurs encore :

« Représentant le *général des habitants* qui tous les-
« dits habitants auront été *assemblés* pour *délibérer*
« entre eux au sujet de »

« Accepté par les habitants de cette ville au bureau
« de »

« Ils présentaient dans leurs assemblées et nom-
« maient le maître administrateur; la collation en
« appartenait à Monseigneur évêque de Séez. »

« Après toutes fois qu'il aura été référé aux habi-

« tants en général et propriétaires de ladite paroisse
« St-Pierre *pour avoir leur adhésion.* Même qu'il sera
« fait vis à vis de Monseigneur évêque de Séez toutes
« les démarches nécessaires pour obtenir cette per-
« mission, offrant même les délibérants de changer
« la forme du portail d'entrée, d'en ôter le cintre, et
« y substituer deux piliers, ainsi qu'un tourniquet.
« Signé Joseph-Pierre Gilbert, Petigars de la Ga-
« renne. »

Il s'agissait ici de convertir l'ancien cimetière des
huguenots en cimetière pour les décédés de l'hôpital ;
les habitants de la paroisse St-Pierre demandant à ce
que ces décédés fussent inhumés en dehors de leur
cimetière St-Pierre.

Le cimetière des huguenots est représenté exacte-
ment par les jardins situés à gauche du cimetière actuel. Ces détails historiques se passaient sous le règne
de Louis XIV.

Nous continuons :

« Commission du lieutenant particulier du Perche
« du 26 septembre 1583 pour mettre Gilles Brizard
« en possession de l'hôpital et maison Dieu de la ville
« de Bellesme, auquel il avait été élu et présenté pour
« maître administrateur par les *bourgeois, manants et*
« *habitants* dudit Bellesme, et institué par ledit lieu-
« tenant particulier à la nomination desdits habi-
« tants »

D'après cet acte, les habitants élisent et le lieutetenant confirme l'élection. Il se trouve en conformité avec une autre pièce très ancienne où à l'occasion de la fondation de la maison de *l'aumône* il est dit :

« Cet établissement fondé à son origine dans un
« but de charité resta sous la juridiction de la justice
« royale dudit lieu et de la *communauté des habitants*. »

« Vu la requête présentée par les habitants de
« St-Martin représentés par Charles Defontenay pres-
« tre, curé de St-Martin, fondé de pouvoir et de
« procuration spéciale desdits habitants contenus
« dans un acte *d'assemblée* d'iceux du vingt-huit juin
« mil six cent soixante-seize. »

Nous pourrions multiplier les citations. Ces extraits de manuscrits du temps sont plus que suffisants pour établir la réalité du suffrage universel employé par le peuple de Bellême dans la gestion de ses affaires pendant les siècles qui précèdent le nôtre.

Les fêtes de campagne dites *assemblées* qui subsistent encore dans nos communes le jour anniversaire du Saint Patron de la paroisse et qui ne reproduisent plus que l'idée du plaisir, étaient dans les siècles antérieurs des réunions générales où les citoyens s'occupaient d'intérêts sérieux, délibéraient, élisaient leurs délégués, etc. Les réunions populaires de la révolution de 89 furent une continuation moins pacifique de ces premières assemblées et non une innovation des temps nouveaux. Elles cessèrent d'être des assemblées politiques ou municipales quand le gouvernement consulaire concentra tous les pouvoirs entre ses mains par l'intermédiaire des préfets.

La révolution faite pour éteindre les libertés du peuple les a-t-elle réellement augmentées? Cette question n'est pas posée pour la première fois. L'étude des faits historiques, la comparaison des époques en aidera la solution. La liberté politique s'est beaucoup accrue incontestablement; et quand un pouvoir excep· tionnel n'y met pas obstacle; la nation a une indé- pendance d'action qui n'est pas celle de son origine, il s'en faut de beaucoup, mais qui est considérable si on se reporte aux longs siècles écoulés avant celui où nous vivons. Le pouvoir municipal au contraire a certainement diminué. La commune n'a plus la di- rection de ses affaires intimes comme autrefois, et ce qu'on lui laisse d'action est voisin de la chimère.

Plus de rassemblements populaires après vêpres, au son des cloches, au bruit des tambours, en l'auditoire de la commune et avec apparat. Les plus petites af- faires sont soumises à une autorité étrangère. Tout au plus si on laisse à la commune la question d'argent qu'il faut payer. La commune n'agissant plus par elle- même a ses délégués, ses conseillers, comme on les appelle par honneur; encore n'a-t-elle pas toujours faculté de les désigner, et leur nomination est le fait d'une volonté plus éloignée. La moindre demande, l'expression des besoins communaux sont à la disposi- tion du bon vouloir préfectural qui accorde ou rejette suivant qu'il lui convient. Vaut-il mieux qu'il en soit ainsi; les populations en retirent-elles plus d'avantages? question qui est restée en dehors de cette étude.

Dans la comparaison des deux époques, il ne faut pourtant pas omettre que la liberté ancienne n'était pas absolue. L'action municipale trouvait son contrôle dans le pouvoir plus élevé royal ou ecclésiastique. En voici des exemples : En l'année 1670, dans des comptes d'économat de Regnaut, il est fait mention qu'une assemblée générale arrêta la résolution de construire un hôpital où

« Les pauvres malades seraient reçus et gouvernés,
« et les enfants des pauvres instruits à servir Dieu et
« à gagner leur vie en apprenant un métier. »

« Et pour arriver à la réussite de cette entreprise,
« on devait réunir les revenus de la Maladrie à ceux
« de l'hôpital, soit par un arrêt de la cour, ou par
« lettres patentes; ce dont M. Rivet, procureur du
« roi, qui allait à Paris fut chargé, M. Catinat con-
« seiller de la cour promettant de faire réussir l'affai-
« re, si on pouvait avoir des conclusions de M. le
« procureur général, ce qu'il ne voulut pas faire,
« l'ayant renvoyé à se pourvoir par devers le roi,
« pour obtenir des lettres patentes. Mais les ayant fait
« dresser par M. Letessier secrétaire du roi, M. le
« grand audiencier ayant vu qu'il s'agissait d'une
« maladrerie voulut ordonner qu'elles feraient con-
« quêts à M. le grand aumonier, lequel le sieur

« Tessier ne voulut pas dans la crainte qu'il eut que
« cela ne fit une affaire au conseil avec le grand au-
« monier. Ainsi les choses sont restées au même état
« qu'elles étaient avant. »

Extrait du manuscrit de Billard de la Hélière,
conseiller du roi.

Ainsi une misérable question de préséance empêcha
l'exécution d'une des entreprises qui eut fait le plus
d'honneur à l'administration et eut été un avantage
immense pour les indigents du pays. Il est déplorable
de voir comment une conception utile vint échouer
devant une vanité d'étiquette. Les grands de l'époque
étaient plus jaloux de leurs dignités, plus occupés à
leurs plaisirs licencieux et à leurs intrigues de cour,
qu'empressés pour ce qui touchait aux intérêts et au
bien être des pauvres.

Le 28 novembre 1780, l'administration revenant
sur cette délibération de secours à donner aux indigents prenait une résolution énergique. Fatiguée de
se sentir à l'étroit dans l'enceinte de son trop petit
hôpital, comprenant l'insuffisance des lits à offrir à de
nombreux malades, n'ayant à leur donner que des
chambres mal aérées, sans cours, jardin, sortie aucune, au centre d'une ville qui n'était pas dans les conditions actuelles de salubrité ; elle décide qu'il serait
utile, le roi approuvant, de faire l'acquisition d'un
emplacement nommé Louche, situé dans la direction
du cimetière St-Pierre et dont

« L'étendue du terrain, sa bonne exposition, la
« commodité des eaux procurerait des avantages in-
« finis aux malades. » (Délibération.)

La dépense d'argent était estimée à huit mille li-
vres. Le projet fut envoyé à l'évêque de Séez pour
recevoir son approbation ; l'autorité épiscopale ayant
alors la haute main, comme les préfets aujourd'hui.
Ce projet avait une importance extrême pour la classe
pauvre. Les heureux résultats étaient d'un effet im-
médiat qui se serait transmis jusqu'à nous. Il n'y fut
pas donné de suite. Alors comme plus tard l'autorité
contrôlante avait ses négligences, ses oublis, ses in-
différences ; et les plus utiles conceptions pouvaient
dormir éternellement dans la poussière des bureaux.

Les doctrines ardentes des philosophes du dix-
huitième siècle ayant poussé la nation vers de nou-
velles aspirations, elle voulut conquérir d'autres
droits, les droits politiques dont elle avait joui à son
origine dans sa plus illimitée extension, et qui lui
étaient échappés pendant si longtemps Alors se pro-
duisit le gouvernement par le peuple et pour le peuple. L'exercice en fut acquis par le suffrage universel.
Malgré cette extension indéfinie des principes répu-
blicains de nos pères, le droit du suffrage ne fut point
donné à la nation sans quelque restriction. Restèrent en
dehors de cette faveur les hommes n'ayant pas atteint
l'âge de vingt-cinq ans, ceux qui ne payaient pas à
l'état un impôt égal à trois journées de travail au

3

moins, ceux en condition de domesticité. Notre époque n'admet pas cette réserve et livre le droit exhorbitant du suffrage à tous et dès l'âge de vingt-un ans. Où est la sagesse du législateur qui abandonne le sort d'un puissant empire à l'inexpérience d'une jeunesse ignorante de si graves intérêts et livrée aux impulsions désordonnées des partis? 89 ayant donné à la nation ce qu'elle convoitait, pourquoi ne put-elle s'arrêter dans cette limite? A la conquête d'un droit juste et légitime s'ajouta la violence, le crime, le deuil éternel. Le recouvrement de la liberté se paye par le plus pur sang, le sang de l'innocence, de la vertu, du talent. Aucun progrès ne se réalise-t-il dans l'humanité sans être acheté par d'inappréciables sacrifices! Et à chaque phase d'amélioration sociale faudra-t-il le sacrifice d'un Dieu pour le nouveau salut de l'homme et le rachat de l'esclavage!

www.ingramcontent.com/pod-product-compliance
Lightning Source LLC
Chambersburg PA
CBHW070921210326
41521CB00010B/2279